天然食材・無五辛・無蛋・無乳製品

優雅食・天然素

# 小牧食堂の精進料理

藤井小牧◎著

# 前言

我出生在一個傳承精進料理的家庭。
父親是一位凡事認真記錄的修行者，
母親則是隨性、喜歡動手作的主婦，
我在這樣的雙親撫育之下長大成人。
從小在鎌倉的翠綠深山裡生活，
春天，和母親一起到一望無際的海邊採收海帶芽，
將飄落的櫻花花蕾以鹽製成漬物，
隨心所欲地生活在大自然中。
唯一讓父親不喜的活動，
就是摘取野外的花朵。
野花，在生長的地方綻放時非常美麗，
一旦摘下來插進花瓶裡，馬上就會枯萎。
父親曾經看著枯萎的花朵這麼說過：
「莫隨意扼殺生命。」
總是有很多人造訪父親的料理教室，
歡笑聲始終不絕於耳。
經過汆燙的紅色番茄，
以高湯稀釋的綠色酪梨，
這些都是我小時候見過的精進料理，
每一道料理都是顏色繽紛又漂亮。
現在，我和母親兩個人，
分別在鎌倉的山中和秋葉原這樣的都會街道，
一邊在心裡覆誦著父親的口頭禪「食由心生」，一邊製作著精進料理。

こまきしょくどう
精進
料理
鎌倉不識庵
zen cuisine
kamakura fushikian

主菜

副菜

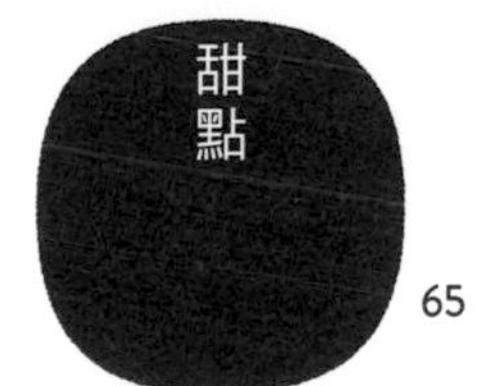




調味料



改善身體症狀的湯品



◎食譜中的1大匙為15mℓ，1小匙為5mℓ，1杯為200mℓ。

◎食譜中出現的味噌，使用的是米麴製作而成的「米味噌」。八丁味噌則是豆味噌。

◎所謂適量，就是在料理時，水、鹽的分量依個人喜好調整。

◎對精進料理而言，不浪費食材是很重要的原則，因此，切的方式很重要。蔬菜基本上不削皮直接使用。此外，至為重要的是，建議盡可能使用沒有施加農藥的蔬菜。

◎在各個食譜中放入五味、五色、五法的標示（參照P.8）。在一道料理中，調味、顏色、料理方法皆很單純，以此為原則，因此營養很均衡，外觀也很漂亮，食用的時候也會很開心。

◎本書裡刊載的食材資訊，為2015年5月20日當時的情況。

# 成立小牧食堂的緣由

提到精進料理，說不定很多人會直接與艱苦、禁欲主義聯想在一起。但是，以我的觀點而言，則完全不是那麼一回事。相反的，我認為精進料理是任何人都可以接受、很親民的一種料理。不論是基於宗教上的理由、健康上的理由、思想上的理由，或因個人嗜好選擇吃素，在現代社會，基於某種理由選擇食物是常見的情況。

小牧食堂的料理，不使用肉、魚、蛋、乳製品這類食材，因此，不吃肉或魚的人，或是對蛋、牛奶過敏的人，幾乎任何人都可以非常自在地一起用餐，而這就是小牧食堂的核心價值。縱使沒有肉類，卻不只是適合素食主義者，小牧食堂的料理很具分量，即使是勞動量大的男性也能獲得滿足。我一直想開一家能夠補給蔬菜量的食堂，當人感覺「最近蔬菜攝取量稍微不足」時，不經意就會走進去。東京秋葉原是一個人來人往、很吵雜的地方，我在這裡成立了小牧食堂。

小牧食堂的客人來自各式各樣的背景，即使如此，每位客人總能夠超越各種藩籬，圍坐在同一張餐桌上共享一頓飯。以這樣的經營方式，我們解決了很多困難，還能繼續前進，並擁有很多意外的收穫。「任何人都可以吃的平實料理」，讓大家都能品嘗這種滋味，真是再開心不過的事了。

## 我的父親 藤井宗哲

父親在五歲的時候進入佛門，長期擔任典座（在廚房工作的僧侶）。因為和家人分開生活，並沒有一般人所擁有的、名為「家庭」這個地方的記憶。和母親結婚之後，雖然擁有了名義上的「家庭」，但是，我認為父親始終沒有身為「父親」這個角色的自覺。記憶裡，父親隨時隨地都保持著嚴肅的神情姿態，我沒有被他抱在懷裡的記憶，也沒有被呵護的經驗，父親總是正經地叫我「小牧」。我非常喜歡這樣的父親。

料理教室總會有各式各樣的人上門，也許是因為身體不好而想接觸精進料理，也許是過度遵循素食主義而深感疲勞……每個來到教室的人，不只是學到了料理技巧或精進料理的概念，他們從料理教室離開時，臉上都掛著安定祥和的表情。我深深體會到父親藉由料理療癒人心的理念，也就是說，用心製作的料理，能夠讓人們的心靈變得更強壯，具有舒緩身心與療癒的效果。

在料理教室，大家一起動手製作，一邊談笑，即使是冰冷堅硬的心靈，也能慢慢變得柔軟。盡心盡力製作的料理可以療癒人的心靈，透過料理這件事來放鬆身心，父親傳遞給我的就是這樣的料理理念，而不只是精進料理的技術。

# 關於精進料理

## 精進料理的歷史

佛教從印度傳到中國，在發祥地印度，僧侶每天以托缽的方式進食，但佛教傳到中國並沒有接受這樣的習慣。因此，不僅僅為了生產或賺錢等世俗目的，農耕也成為佛教的修行之一，以達到寺院的自給自足。以中國佛教來說，五戒之中有「殺生戒」，將這個思想落實在飲食上，就是不吃魚肉，只攝取蔬菜、海藻等食材。此外，即使在植物之中，也有所謂「五葷」這樣的蔬菜，分別是氣味強烈的蔥、蒜、韭菜、洋蔥、蕗蕎，這些蔬菜被認為會影響修行而遭禁用。

佛教在飛鳥時代（約為西元七世紀）傳到日本，到了平安時代很多僧侶在寺院生活，因此，僧房料理應運而生。精進料理受到重視則是從鎌倉時代開始，僧侶道元遠赴中國時，遇見高齡的阿育王山典座（在禪寺擔任炊事工作的料理長），體會到包含料理在內的日常生活也是修行的一部分，親身實踐正是佛教修行的本質，他受到觀念上的衝擊，將製作料理時的思維記錄成《典座教訓》一書，這本書直至今日，在禪宗寺院仍被當成佛教修行的典範傳承下來。

## 精進料理的思考方式和特色

在鎌倉時代，日本禪僧引介中國宋代的優良飲食文化，精進料理因此受到很大的影響。其中最具代表性的，分別為以豆腐為主食材的黃豆料理，和以麵類為代表的小麥文化。黃豆的營養價值很高，從蔬菜無法攝取足夠營養的時候，能夠補充豐富的蛋白質，是非常重要的一種食材。如今仍被精進料理界奉為圭臬的《典座教訓》一書中提到「三心」的說法，分別為：「喜心——懷抱著快樂的心製作料理」；「老心——抱著為老人與小孩著想的心情，仔細地製作料理」；「大心——為他人料理時設身處地，不需要大費周章選用高級的食材，也不需要拘泥細節，必須捨棄虛偽，懷抱著始終如一的心，以正向的心情製作料理」。

### 1. 五味・五色・五法

五味分別是「甜、鹹、酸、辣、苦」，五色分別是「黑、白、紅、黃、青（綠）」，五法分別是「生、煮、蒸、炸、炒」。以五味、五色、五法的組合為依據製作料理，可以發揮不同的效果，藉此作出平衡身心的營養食物。此外，料理的外觀很漂亮，食用的時候也能散發愉悅的氣氛。

| | | | | | |
|---|---|---|---|---|---|
| 五味 | 甜 | 鹹 | 酸 | 辣 | 苦 |
| 五色 | 黑 | 白 | 紅 | 黃 | 青(綠) |
| 五法 | 生 | 煮 | 蒸 | 炸 | 炒 |

**2.**　「身土不二」

人類是自然界的一部分，在自然環境中生存。生物生長於土地上，人們藉著食用這些生物，進而讓身體產生在這塊土地生存的適應力，這樣的法則即為「身土不二」。現今不少人開始重視自己所居地的農產物，亦即「地產地銷」，這樣的概念也有相同的含義。

**3.**　食用「當季」的食物

不管是什麼當季蔬菜，都蘊含最豐富的能量，因此，食用當季的蔬菜，人類可以獲得最必要的營養素或元氣。舉例來說，冬天的根莖類蔬菜可以暖和身體，夏天的瓜類蔬果則具有消暑的效果。此外，當季的蔬菜不只適合該季節，也能打造出適合下一個季節的體質。

**4.**　「一物全體」

精進料理的調味料極為簡化。珍視大地恩賜的農作物，充分運用食材本身的味道，即為料理的基本原則。此外，會整體使用蔬菜等食材而不浪費，將所有生命視為重要的存在、不隨便對待，這樣的核心思想，與不殺生、不浪費的理念有關。

**5.**　不吃會跑會逃的生命

精進料理的原則之一就是不吃魚也不吃肉。判斷可食與不可食的食材時，最簡單的一個原則就是「不吃會跑會逃的生命」。「對於動物不殺生」是精進料理最為基本的原則，在這個原則之下，精進料理中的高湯也不使用柴魚，而是使用昆布和香菇等食材。

## 〈精進高湯的作法〉

加入高湯，會強烈左右任何料理的味道。習慣肉類或魚類強烈鮮味的舌頭，對於以蔬菜為主的料理，往往會產生不滿足的感覺，但是，如果在料理中加入高湯，滿足感則會油然而生。高湯是以昆布和香菇為基本材料，不喜歡香菇的香氣時，可以只使用昆布作出高湯。

將3朵小的乾香菇，和3片5cm平方的昆布、2L的水放入容器裡，至少浸泡3個小時，最好泡一個晚上。高湯出味之後，以冰箱冷藏保存，冬天時可保存3至4天，夏天請在2至3天內使用完畢。

## 〈糙米飯的煮法〉

在小牧食堂，可以自由選擇糙米飯或白米飯。順帶一提，在三的倍數的月分時，身體不適的人有增加的趨勢，此時食用具排毒效果的糙米飯，很多人就會覺得身體比較沒有負擔。精進料理的配菜大多適合搭配糙米飯，最近愈來愈多人「因為很美味」這樣的理由而選擇了糙米飯。

**1**　將2合（1合約150g）的糙米以水洗淨，再以濾網過濾，放入厚一點的鍋子裡，倒入550mℓ的水，浸泡約1個小時。

**2**　蓋上鍋蓋，開大火，沸騰後轉小火，炊煮40分鐘後熄火，打開鍋蓋，產生螃蟹洞之後，以大火加熱15秒左右，熄火，蓋上蓋子，燜蒸15至20分鐘。

# 小牧食堂

## 5款人氣定食

### 咖哩定食


咖哩 … P.23

金平風鹽炒蓮藕 … P.54

胡蘿蔔絲沙拉 … P.38

豆漿冷湯 … P.60


糙米飯

## 可樂餅定食

米飯可樂餅 … P.22

五目豆 … P.49

印度風鷹嘴豆
炒高麗菜 … P.53

馬鈴薯
白蘿蔔濃湯 … P.56

白米飯

## 豬排口感的車麩定食



糙米飯

## 茨汁高野豆腐定食



白米飯

## 酒粕燉菜定食



白米飯

column

## 精進料理的
## 海外觀點

首次在海外開辦料理教室，地點就在遙遠的巴黎。課程裡介紹了調味料、乾貨等日本料理中的基礎知識。在日本，談到精進料理或素食，往往被視為是非常特別的料理，但是，第一次在海外巴黎製作精進料理，當地人則完全沒有露出任何驚訝的神情。因為，在海外，街上很常見到素食料理的餐廳、商店，價格也很親民，當地人也經常光顧這類餐廳、商店。反觀日本，素食取向的餐廳是肉類愛好者不會涉足的場所，在巴黎，當地人則會以「大家可以一起吃飯」這樣的感覺來挑選餐廳，使得這類餐廳成為很普遍的選擇之一。

和日本相比，在巴黎宗教不同、思想不同的人一起同桌吃飯的機會也許比較多一些，而蔬食餐廳是「大家都可以愉快用餐」的極好選項。小牧食堂不僅有很多附近的商務人士光顧，也有許多來日本觀光的海外旅客光臨。在日本幾乎無法找到完全以蔬食為主的日本料理店，看到客人「因為難得來到日本，務必要品嘗日本料理，最後找到小牧食堂」而露出暖和的笑容，開心之餘，我認為應該要增加更多這樣的店家，使命感也因此油然而生。

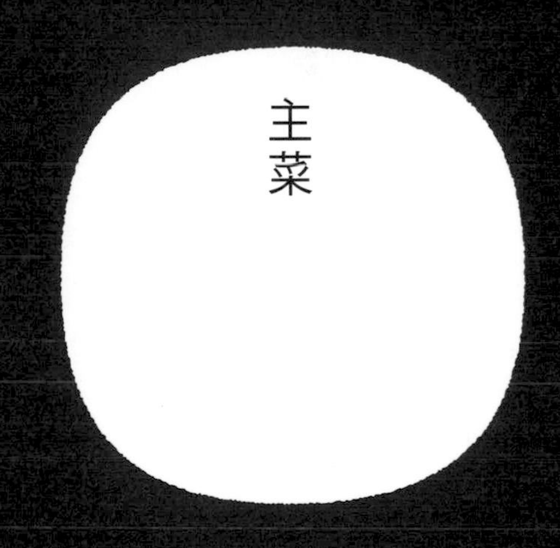


精進料理的主菜不使用肉類，也不使用魚類，即使如此，以酒粕、芝麻醬、八丁味噌等可以產生高度美味和醇厚感的素材搭配，同樣也能創造出料理的滿足感。舉例來說，高野豆腐這類比較清淡的食材，會經過油炸步驟增加風味。精進料理通常是以醬油和砂糖烹煮調味，除此之外，則是以「和風」調味的感覺居多，但是完全沒有「一定要和風」這樣的調味規則。每個人都能自由地使用番茄罐頭或玉米奶油罐頭，即使是咖哩，根據不同的作法，也能作出豪華的精進料理。料理製作的共通點在於，盡量運用食材本身的味道。不管是什麼配菜，食材的味道不會消失，不同食材的味道可以微妙地調和在一起，如此才是所謂的精進料理。

可以品嘗到玉米的柔和甜味，分量感十足。
紫穗稗製成的可樂餅則具有較濃郁的口感。

## 米飯可樂餅

材料（6個份）
米飯（糙米飯或白米飯）
…飯碗5碗
A 玉米奶油罐頭（大）…1罐（435g）
水…100mℓ
鹽…1大匙
胡椒…少許
胡蘿蔔或芹菜葉（切碎）
…少許
〈麵衣〉
低筋麵粉…3大匙
低筋麵粉漿…
3大匙低筋麵粉＋5大匙水
麵包粉…3大匙
炸油…適量
〈沾醬〉
美乃滋醬（P.63）
…適量
蒔蘿葉（切碎）
…適量

作法

**1**
將A材料放入鍋中，煮至沸騰後，如果有胡蘿蔔或芹菜葉，和米飯一起加入，整體充分拌勻。熬煮至幾乎沒有水分、收乾的狀態，熄火，倒在調理盤上冷卻。

**2**
步驟**1**的米飯冷卻後，分成6等份，捏成橢圓形，並根據低筋麵粉→低筋麵粉漿→麵包粉的順序裹上麵衣，以180℃的炸油炸至呈金黃色的狀態即可。根據個人喜好，在美乃滋醬裡拌入蒔蘿葉，當成可樂餅的沾醬食用。

## 紫穗稗可樂餅

作法

以煮好的5碗紫穗稗（☆）取代白米飯，以製作米飯可樂餅的方式製作即可。

☆紫穗稗的煮法（5碗分量）

將400g紫穗稗洗淨，以細網目的濾網瀝乾水分。將800mℓ水和紫穗稗放入鍋中，開大火，沸騰後轉小火，以木匙持續攪拌，煮20分鐘左右。煮至收乾的狀態，蓋上鍋蓋，熄火燜蒸15分鐘左右，放涼備用。

辣

煮

# 咖哩

以蔬菜和菇類製作湯底，作出味道很清爽的咖哩。
以八丁味噌的醇厚質感，作出具有滿足感的好滋味。

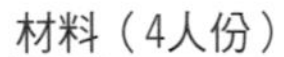

材料（4人份）

A
- 胡蘿蔔…300g
- 菇類（鴻禧菇、舞菇等2種）…共200g
- 芹菜莖…2枝（200g）

水煮番茄罐頭（切丁）…1罐（400g）
水煮黃豆罐頭…1罐（300g）
薑（切碎）…50g
月桂葉…1片
水…1ℓ
咖哩粉…3大匙
八丁味噌…5大匙
味噌…5大匙
鹽…少許
橄欖油…3大匙
油炸舞菇…少許（依個人喜好添加）

作法

**1**
將A材料全部切碎備用。

**2**
將橄欖油倒入大鍋中，熱鍋，以小火拌炒薑末。出現香味之後，加入A材料，以中火拌炒。加入鹽，蓋上鍋蓋，以小火蒸煮5分鐘左右。中途打開鍋蓋，讓鍋蓋上沾附的水沿著鍋壁滴入鍋中，充分攪拌。

**3**
步驟**2**煮至胡蘿蔔的顏色呈現出透明感之後，放入番茄罐頭、水和月桂葉，以中小火煮至剩下$\frac{2}{3}$的分量。

**4**
將咖哩粉倒入小鍋中，開小火，使用木匙拌炒。炒出香味之後，加入**2**種味噌，攪拌均勻。

**5**
將步驟**4**加入步驟**3**裡攪拌均勻。加入濾掉湯汁的水煮黃豆，煮至沸騰之後，熄火，靜置一晚讓味道更成熟。食用時加熱後盛在食器上，依據個人喜好，加上油炸舞菇一起食用。

＊步驟**4**的味噌如果比較硬，以50mℓ的水（分量外）溶解之後再加入一起煮。

甜

炸

# 豬排口感炸車麩

將車麩炸得鼓鼓的祕訣，就是將水分確實擰乾。
濃郁的味道，來自於味噌基底的沾醬，這是父親的拿手菜。

材料（4人份）
車麩…3至4片
〈麵衣〉
低筋麵粉…3大匙
低筋麵粉漿…低筋麵粉3大匙＋水5大匙
麵包粉…3大匙

炸油…適量
肉感味噌醬（P.63）…適量

作法

**1**
將車麩泡在大量的水中，根據包裝指示的時間浸泡，使其軟化還原。

**2**
車麩泡開後，各切成3等分，再確實擰乾。

**3**
切好的車麩按照低筋麵粉→低筋麵粉漿→麵包粉的順序沾裹麵衣，以180℃的油炸至呈金黃色即可。盛在食器上，加上肉感味噌醬一起食用。

# 芡汁高野豆腐

清淡的高野豆腐，經過油炸之後，味道變得濃郁而迷人。
淋上精進高湯製成的芡汁後食用。

材料（4人份）
高野豆腐…4片
片栗粉…1小匙
炸油…適量
〈芡汁〉
A ┌ 胡蘿蔔（切絲）…100g
　│ 鴻禧菇（切掉根部後撥散）
　│ 　…1株
　└ 精進高湯（P.9）…400mℓ
B ┌ 醬油、酒…各1大匙
　└ 鹽…少許
片栗粉漿…2大匙片栗粉＋
　2大匙水

柚子皮（切絲）
　…少許（可省略）

作法

**1**
將高野豆腐泡入大量的水中泡發，根據包裝袋上標示的時間浸泡，每片再切成8等分。

**2**
將片栗粉和步驟**1**的高野豆腐放入塑膠袋裡，拍打袋子底部，讓豆腐整體裹上片栗粉，再以180℃的油炸至酥脆即可。

**3**
將A材料倒入鍋中，開火，將胡蘿蔔煮至軟化之後，加入B，再以片栗粉漿勾芡，熄火。將步驟**2**的豆腐盛在食器上，淋上芡汁，撒上柚子皮即可食用。

# 酒粕燉菜

豆漿柔和的味道和酒粕的甜味能夠讓身心得到舒緩，並從身體裡暖和起來，是一道相當令人愉悅的料理。

材料（4人份）
油豆腐⋯1塊
白菜（切段）⋯¼顆
舞菇（撥散）
⋯1株
水⋯400mℓ
酒粕（或味醂粕）⋯約100g
小麥味噌⋯50g
豆漿（成分無調整）⋯200mℓ

作法

1
將白菜、舞菇、水放入鍋中，煮至白菜軟化為止。將油豆腐切成6等分，加入鍋中一起煮。

2
一邊將酒粕捏碎，一邊放進鍋中，再加入小麥味噌繼續煮。

3
倒入豆漿，轉小火加熱，將要沸騰而未沸時熄火，盛出即可食用。

鹹
煮

# 高麗菜捲

將肉餡高麗菜捲變化成純高麗菜捲。
運用食材本身的質感製作出美味料理。

材料（4人份）
高麗菜⋯1個
義大利麵條⋯適量
低筋麵粉⋯適量
迷迭香⋯少許（可省略）
米油⋯1大匙
A 水煮番茄罐頭（切丁）⋯1罐（400g）
昆布高湯（☆）⋯1ℓ
八丁味噌⋯3大匙

作法

**1**
將高麗菜剝成一片一片，再將硬的菜心分切小條狀。在鍋中倒入大量的水，煮至沸騰，加入少許的鹽（分量外），放入全部的高麗菜，燙至軟化的狀態撈出瀝乾。

**2**
在小片的高麗菜葉中間，放入步驟**1**的菜心，捲起來，再使用大片的葉子捲包小菜捲。一個高麗菜捲大約使用3至4片的葉子。捲好之後，以義大利麵條刺穿菜捲固定，再將菜捲沾上低筋麵粉。

**3**
平底鍋倒油加熱，將步驟**2**的菜捲煎至上色即可盛出。

**4**
將A材料放入鍋中，以小火煮至沸騰後，將步驟**3**的菜捲倒入鍋中，蓋上鍋蓋，燉煮20分鐘左右即可熄火盛出，最後加上一小枝迷迭香，即可上桌食用。

☆昆布高湯的作法

1ℓ的水加上1片10cm見方的昆布。盡量浸泡一個晚上，最短也要浸泡30分鐘，浸泡後即完成高湯。

鹹

炸

# 炸舞菇（牡蠣口感）

青海苔具有海洋香氣，大和芋富有黏稠質感，不論是外觀或味道，完全是牡蠣的感覺！

材料（6個份）
舞菇…1株
大和芋（磨成泥）…300g
青海苔…20g
麵包粉…5大匙
炸油…適量
〈沾醬〉
美乃滋醬（P.63）…適量
芹菜（切碎）或蘋果（切碎）
…少許（可省略）

作法

**1**
將舞菇分成6等分。

**2**
將大和芋和青海苔混合備用。

**3**
將步驟**1**的舞菇裹上大量的步驟**2**，再裹上麵包粉後，以180°C的油炸至呈金黃色即可盛在食器上。美乃滋醬中依據個人喜好加入芹菜末或蘋果末，拌勻作成沾醬，食用時沾著吃。

鹹

炸

# 炸豆腐

加入大和芋，作出蓬鬆的質感。
食材以高湯煮出美好風味，食用時不需要再沾醬油。

材料（10個份）

木綿豆腐…1塊
大和芋（磨成泥）…200g
片栗粉…10g
炸油…適量
A 乾香菇（泡開）…3朵
　胡蘿蔔…50g
　精進高湯（P.9）…100mℓ
　醬油、味醂…各1大匙
薑（磨成泥）…少許

作法

**1**
將香菇和胡蘿蔔切成絲。將A材料全部放入鍋中，開小火，煮至食材入味後熄火，冷卻備用。

**2**
以廚房紙巾將豆腐包住，取砧板等重物壓住，靜置20分鐘左右，確實去除水分。

**3**
將步驟**2**的豆腐放入研磨缽中，以研磨棒搗碎。分兩次加入大和芋，混入空氣充分攪拌。改以橡皮刮刀，加入片栗粉和步驟**1**的材料攪拌均勻，將混合好的食材分成10等分，作成一個一個的圓形。

**4**
以160℃的炸油，將步驟**3**炸至呈金黃色即可盛出，最後加上薑泥即可食用。

甜

# 芝麻豆腐

芝麻豆腐潤口滑順，作法非常簡單。
訣竅是烹煮過程中以木匙大幅度地攪拌。

材料（容易製作的分量）
芝麻醬（白芝麻或黑芝麻）…1大匙
葛粉…40g
水…230mℓ
醬油、柚子胡椒…各適量

作法

1
將芝麻醬、葛粉、水放入平底不沾鍋中，攪拌至葛粉溶化為止。

2
步驟**1**的平底鍋開大火，以木匙持續攪拌混合。

3
攪拌成團狀後，轉小火，加熱7至8分鐘，持續攪拌至整體成為一大團，熄火。

4
以保鮮膜各別包住方便食用的分量後，扭轉保鮮膜，使葛粉團顯現茶巾燒的質感，保鮮膜的束口以橡皮筋確實綁緊，泡在冰塊水裡冷卻凝固後，拆開保鮮膜。

5
將醬油倒在食器上，再放上步驟**4**的成品，最後加上柚子胡椒即可食用。

1

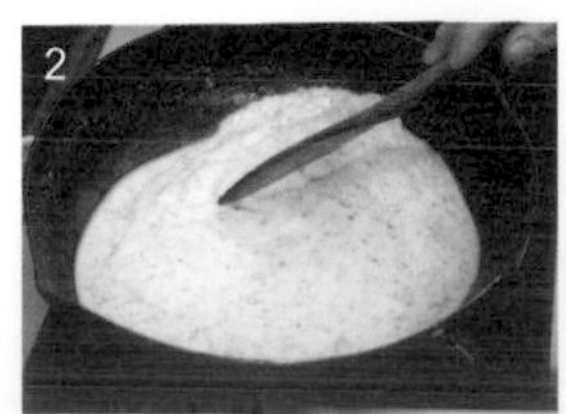
2

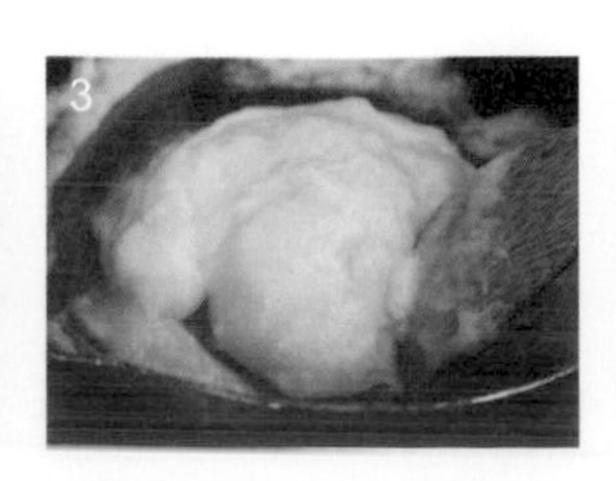
3

4

甜 ● 煮

# 黑糖煮油豆腐

以甜甜辣辣的醬汁，將油豆腐煮至濕潤入味。
黑砂糖強烈的甜味，會在嘴巴裡慢慢地擴散開來。

材料（4人份）

油豆腐…3塊

A 黑砂糖…100g
　醬油…3大匙
　水…800mℓ

山椒粉…少許

作法

**1**

將油豆腐切成4等分，再各別斜切成三角形。

**2**

將A材料混合倒入鍋中，開火，煮至黑砂糖溶化，再加入步驟**1**的油豆腐，以落蓋（☆）的方式轉小火燉煮。煮至湯汁快收乾的狀態，熄火，靜置一晚使其入味。最後撒上山椒粉即可享用。

☆落蓋：將烘焙紙剪成和鍋子同尺寸的圓形，中間再剪開一個或數個小圓洞，覆蓋在正在燉煮的食材上面，幫助食材入味。

鹹

○

烤

## 香煎白蘿蔔

飄散著香草的香氣，好似一道清爽風味的牛排。
一口咬下，白蘿蔔的甜味充滿整個嘴巴，相當驚喜！

材料（容易製作的分量）

白蘿蔔（大）…½條
迷迭香…1枝
橄欖油…1大匙
A［醬油、味醂、水
…各1大匙

作法

**1**

白蘿蔔去皮，切成2至3cm厚度的圓切片，再輕輕劃出格子狀的紋路，蒸至竹籤可刺穿的程度。

**2**

將橄欖油和迷迭香放入平底鍋，以小火加熱至迷迭香的香氣出來後，放入蒸透的白蘿蔔煎烤兩面，小心不要破壞白蘿蔔的形狀。煎烤至上色之後，將A材料混合，從鍋壁倒入，一邊慢慢地旋轉平底鍋一邊煎烤。稍微收汁後，即可熄火盛出。

# 副菜

我懷抱與時俱進的心情，製作著精進料理，其中的副菜，相較於從前的精進料理，可能就像畫一條線這麼簡單。烹調方式不只是水煮或燉煮，也有涼拌沙拉，或是汆燙作成清爽的料理。白蘿蔔乾大多製成甜辣風味為主，但也可以作成清爽的Marinade（法式醃菜），別有一番風味。料理最重要的當然還是味道，而第一印象讓人產生「好美味的感覺」也非常重要，因此必須思考食材組合在顏色上所呈現出的美感。

父親以前作料理時總是很重視美觀。以茼蒿的深綠色來說，可搭配醒目的鮮紅色草莓。在薏仁和蕪菁鋪墊的白色世界中，紫色的高麗菜變身為亮點。觀賞食材天然的美麗顏色，可以感受到製作料理的樂趣，並發自內心地得到快樂。

## 薏仁沙拉

可以享受薏仁顆粒的咀嚼口感，相當清爽。
味醂的風味賦予了料理獨特的層次感。

材料（4人份）
薏仁（乾燥）…100g
蕪菁（中）…2個
紫高麗菜（切絲）…50g
〈醬汁〉
橄欖油…50mℓ
醋…100mℓ
去除酒精的味醂（☆）…80mℓ
鹽…1大匙

作法

**1**
摘掉蕪菁的葉子，直接帶皮切成12等分的半圓片狀。以1小匙的鹽（分量外）搓揉紫高麗菜，瀝乾水分。

**2**
在大一點的調理碗中，放入全部的醬汁材料混合。

**3**
將大量的水和薏仁放入鍋中，加入1小匙的鹽（分量外），開火，煮至薏仁軟化後，以濾網瀝乾水分。

**4**
趁熱將步驟3加入步驟2中，拌勻後再將步驟1的材料放入混合，攪拌均勻即完成。

☆去除酒精的味醂

將味醂倒入小鍋中，開火，沸騰後，轉小火，將鍋子傾斜，讓小火持續加熱鍋中的味醂，注意火力要保持穩定。酒精揮發後即可熄火，冷卻備用。

# 碎牛蒡沙拉

牛蒡蒸過後會膨脹，美味度提升。
運用簡單的醬料，即可品嘗美好的天然風味。

材料（4人份）
牛蒡（粗）…300g
日本水菜…1把
醋…2大匙
〈醬料〉
磨碎的白芝麻…3大匙
白味噌…2大匙

作法

**1**
將牛蒡徹底洗淨，以刀背削皮。切成3cm長，蒸15分鐘後取出，趁熱以擀麵棍拍打，拍成適當狀態後，淋上醋，備用。

**2**
將醬料的材料混合，倒入步驟**1**中攪拌。牛蒡稍微降溫之後，加入切成3cm長的水菜，整體拌勻即可食用。

酸

生

# 茼蒿草莓沙拉

運用草莓微微的甜味取代醬汁。
調味只使用芝麻油和鹽就很夠味。

材料（4人份）

山茼蒿…1把
草莓…1包
芝麻油…2大匙
鹽…少許

作法

**1**

將山茼蒿洗淨，以布巾確實擦乾水分，取葉子的部分，備用。將草莓摘掉蒂頭，每一顆皆切成一半。將山茼蒿葉與草莓放入調理碗中。

**2**

將芝麻油淋在步驟**1**中，所有食材都沾上芝麻油之後，撒鹽拌勻即完成。

酸

生

## 油菜花八朔柑橘沙拉

果肉飽滿的八朔柑橘，口感適合用來製作沙拉，
和油菜花微微的苦味非常搭配。

材料（4人份）
油菜花⋯2把（300g）
八朔柑橘（果肉）⋯2顆
〈醬料〉
白味噌⋯4大匙
醋⋯2大匙
顆粒芥末醬、蜂蜜⋯各1大匙

作法

**1**
鍋中裝水煮滾，放入1小匙的鹽（分量外），油菜花放入汆燙後撈起，泡入冰塊水中約2至3分鐘，以濾網撈起，確實瀝乾水分。

**2**
將醬料的材料混合均勻，備用。

**3**
將步驟**1**的油菜花切成3cm，放入調理碗中，淋上1小匙的醬油（分量外），靜置約1分鐘後，確實擰乾水分。

**4**
將八朔柑橘以手剝成容易食用的大小，加入步驟**3**中攪拌，盛在食器上。最後淋上步驟**2**的醬料即完成。

酸

## 胡蘿蔔絲沙拉

生

味醂去除酒精後，配合具有東方風味的孜然，
香氣迷人，讓這款沙拉更加美味。

材料（4人份）

胡蘿蔔…300g
葡萄乾…50g
醋…100mℓ
A
- 去除酒精的味醂（P.34）…50mℓ
- 橄欖油…80mℓ
- 鹽…1大匙
- 孜然粉……少許

作法

1
將葡萄乾泡在醋裡一個晚上，備用。

2
將A材料加入步驟1中。

3
胡蘿蔔直接帶皮，以削皮器刨成細絲，加入步驟2中，並稍微搓揉，入味後即完成。

酸

## 白蘿蔔絲乾沙拉

生

白蘿蔔絲乾是家庭的常備食材，
快速作成Marinade（法式醃菜），就是一道可口的沙拉。

材料（4人份）

白蘿蔔絲乾…200g
〈Marinade醬汁〉
芝麻油…50mℓ
醋…150mℓ
去除酒精的味醂（P.34）…50mℓ
醬油…3大匙
紅辣椒…1條

作法

1
將白蘿蔔絲乾泡在大量的水裡，直到泡發、軟化後，將水分確實擰乾，攤開放在調理盤上。

2
將Marinade醬汁的材料放入鍋中，煮至沸騰，熄火。趁熱將醬汁淋在步驟1上，取保鮮膜覆蓋在白蘿蔔絲乾上，靜置3個小時左右，待其入味即完成。

炸

## 拔絲地瓜

以葛粉勾芡，作出濃稠的質感。
芝麻直接食用不易消化，一定要磨碎使用。

材料（4人份）

地瓜…600g
黑砂糖…100g
葛粉漿…葛粉50g＋水50mℓ
水…200mℓ
磨碎的黑芝麻…適量
炸油…適量

作法

**1**
將地瓜直接帶皮隨意切塊，泡在水中約10分鐘。

**2**
將步驟**1**的地瓜以布巾擦乾水分，再以180°C的油炸，炸至可刺穿地瓜中心即可熄火，撈出瀝油。

**3**
將水和黑砂糖倒入平底鍋中，開火煮至黑砂糖溶化。加入步驟**2**的地瓜，以畫圓的方式淋上葛粉漿，再加上磨碎的黑芝麻，拌勻即可熄火盛盤。

# 豆腐拌地瓜

像點心一樣，嘗起來有微微甜味的小配菜。
豆腐醬具有芝麻香氣，不論是大人或小孩都會非常喜歡。

材料（4人份）
地瓜…200g
木綿豆腐…1塊
白味噌…3大匙
磨碎的白芝麻…3大匙

作法

**1**
以廚房紙巾包住豆腐約15分鐘，吸乾水分。

**2**
將地瓜直接帶皮切成條狀，泡在水裡約10分鐘後，以濾網撈起瀝乾，再蒸至軟化，冷卻備用。

**3**
將白味噌和磨碎的白芝麻放入調理碗中充分攪拌，放入步驟**1**的豆腐，一邊搗碎一邊混合成豆腐醬。倒入步驟**2**的地瓜，拌勻至地瓜皆沾上豆腐醬後即完成。

# 紅豆南瓜

品嘗不放糖的紅豆料理。
只需加入鹽，就可以襯托出食材的天然甜味。

材料（4人份）
南瓜…½個
紅豆（乾燥）…100g
鹽…1大匙

作法

**1**

將紅豆洗淨，加入5倍分量的水一起放入鍋中。開大火，沸騰後轉小火，蓋上鍋蓋，大約煮40分鐘，此時湯汁剩下不多。

**2**

將南瓜切成容易入口的大小後，放入步驟**1**的鍋中，蓋上鍋蓋，繼續以小火燉煮。煮至南瓜軟化後，加入鹽，從鍋底大幅度地攪拌。熄火，蓋上鍋蓋，靜置10分鐘使其入味，入味後即完成。

酸

# 芹菜蘋果沙拉

生

芹菜清爽的香氣，和蘋果的甜味很搭。
口感醇厚的黑芝麻醬是這道料理的亮點。

材料（4人份）
芹菜莖…4枝（400g）
蘋果…2顆
〈醬汁〉
芝麻油…1小匙
醋…1大匙
鹽…½小匙
黑胡椒…少許

黑芝麻醬（P.62）
…適量（依個人喜好）

作法

**1**
將芹菜莖斜切成薄片。蘋果去芯，直接帶皮切成細條狀。芹菜和蘋果一起放入調理碗中。

**2**
將醬汁的材料混合均匀，淋在步驟1上，靜置10分鐘，使其入味。最後根據個人喜好，淋上適量的黑芝麻醬即完成。

各式海洋風味菜

## 海苔拌胡蘿蔔

胡蘿蔔炒熟後，只需要撒上青海苔，
整體就會散發出清爽的海洋風味。

材料（4人份）
胡蘿蔔（切絲）…500g
青海苔…2大匙
芝麻油…1大匙
酒…1大匙
鹽…少許

作法

**1**
將芝麻油倒入平底鍋，熱鍋後加入胡蘿蔔，以小火炒至軟化。

**2**
步驟1鍋中放入酒、鹽，蓋上鍋蓋，以小火加熱2分鐘，熄火盛出，最後撒上青海苔即完成。

# 羊栖菜沙拉

請先花一些時間將羊栖菜泡發。
番茄的甜酸味和醬油的香氣，是這道料理的調味重點。

材料（4人份）

長條的羊栖菜（乾燥）…30g
小番茄… 3 顆
醬油…1大匙
黑芝麻醬（P.62）…適量
（依個人喜好）

作法

**1**
將長條的羊栖菜泡在大量的水裡，靜置一個晚上確實泡發。

**2**
起一大鍋滾水，放入羊栖菜，煮至沸騰。

**3**
將步驟2的羊栖菜以濾網撈起瀝乾，切成容易入口的長度後，淋上醬油，稍微抓拌，再加入切成一半的小番茄。最後根據個人喜好，淋上適量的黑芝麻醬即完成。

(生)

## 海帶芽沙拉

因為食材本身已經具有鹹度，只需再加入少許的鹽即可。
芝麻油的香氣讓整體的香味更加圓潤。

材料（4人份）
新鮮海帶芽（＊）…300g
白蘿蔔（切絲）…200g
芝麻油…1大匙
鹽…少許

作法

**1**
將白蘿蔔撒上1小撮的鹽，靜置10分鐘。

**2**
將新鮮海帶芽切成容易入口的大小，擰乾水分後，和步驟**1**的材料拌勻，最後加入芝麻油和鹽調味即完成。

＊手邊如果沒有新鮮海帶芽，可將鹽漬海帶芽去除鹽分後再使用。如果是使用鹽漬的海帶芽，分量請準備200g。

鹹

## 芋頭蘿蔔絲煮物

含有大量食物纖維，屬於傳統風味的一道配菜。
如果加入油豆腐，能夠讓這道料理更加醇厚。

材料（4人份）

芋頭（去皮）…800g
白蘿蔔絲乾（泡發）…100g
胡蘿蔔（切絲）…100g
精進高湯（P.9）…1ℓ
醬油、酒…各5大匙
味醂…2大匙

作法

**1**

芋頭切成容易入口的大小，以熱水燙5至6分鐘左右，再以流水沖掉黏液。

**2**

將全部的材料放入鍋中，開大火，沸騰後轉小火，蓋上鍋蓋，慢慢燉煮至芋頭軟化即完成。

鹹

煮

# 五目豆

採用統一調味的方式。靜置一個晚上會更加美味。
以高湯燉煮，盡量釋出食材的天然風味。

材料（4人份）
黃豆（水煮）…600g
油豆腐…1塊
胡蘿蔔…200g
乾香菇（泡發）…3朵
牛蒡…200g
蒟蒻…1片
昆布高湯（P.27）…1ℓ
A 醬油、味醂、酒
…各6大匙

作法

**1**
除了黃豆之外，所有食材皆切成1cm的小丁。

**2**
將黃豆和步驟**1**切丁的食材放入鍋中，再連同昆布將昆布高湯倒入，約煮15分鐘後，加入A材料，以落蓋的方式（P.31）轉小火煮約30至40分鐘，煮至牛蒡與胡蘿蔔軟化即完成。

# 仿雞蛋炒苦瓜

(炒)

是炒雞蛋嗎？實際上是咖哩風味的豆腐哦！
咖哩和醬油的搭配組合，非常下飯。

材料（4人份）
苦瓜…1條
木綿豆腐…1塊
芝麻油…1小匙＋1小匙
醬油…1小匙
A 咖哩粉…1小匙
醬油…1大匙
味醂…2大匙

作法

**1**
將豆腐以廚房紙巾包住，輕輕擦拭水分。將A材料混合備用。

**2**
將1小匙的芝麻油倒入平底鍋，熱鍋後放入豆腐，以木匙一邊撥散一邊拌炒，再加入A材料，炒至水分收乾，盛至調理碗中，即完成仿炒蛋。

**3**
苦瓜直向對切後，以湯匙去除種籽和木棉組織，再切成3mm寬的長條片狀。

**4**
將1小匙芝麻油倒入平底鍋，熱鍋後放入步驟**3**的苦瓜，炒至軟化後，加入步驟**2**的仿炒蛋，再倒入醬油，所有食材拌炒均勻後熄火，盛出即完成。

鹹

炒

# 印度風鷹嘴豆炒高麗菜

可以品嘗到椰子的甜味，與香料的刺激風味。
只需快速拌炒，輕鬆就能完成這一道印度風熟食。

材料（4人份）

高麗菜（切大片）…½ 個
鷹嘴豆（水煮）…1杯
咖哩粉…1大匙
A ┌ 椰子粉…2大匙
　└ 孜然粉、芫荽粉…各½小匙
醬油、味醂…各3大匙
芝麻油…3大匙

作法

**1**

將芝麻油倒入平底鍋中，以小火熱鍋後，放入A材料加熱，1分鐘後再加入咖哩粉拌炒。

**2**

步驟**1**開始出現香氣之後，放入高麗菜和鷹嘴豆，蓋上鍋蓋，轉中火，待食材軟化後，掀蓋，從鍋緣淋上醬油、味醂，所有食材拌炒均勻，入味後熄火盛出即完成。

鹹

◯

炒

# 金平風鹽炒蓮藕

「金平」是一種日式烹調手法，通常用來料理根莖類食材。
蓮藕拌炒加上燜煮，釋放出更多的濕潤度和甜味。

材料（4人份）
蓮藕…500g
磨碎的黑芝麻…少許
芝麻油…1大匙
酒…2大匙
鹽…少許

作法

**1**

將蓮藕黑黑的地方削掉，直向對切後，再切成1cm寬的薄片，泡水10分鐘後瀝乾。

**2**

將芝麻油倒入平底鍋，熱鍋後放入步驟**1**的蓮藕拌炒約2至3分鐘，轉小火，放入鹽、酒，蓋上鍋蓋，燜煮至蓮藕呈現透明的質感後，撒上磨碎的黑芝麻，熄火盛出即完成。

我認為一餐中如果有溫熱的湯品就很令人滿足。在忙碌的生活中，即使沒有時間好好作飯，如果能夠作一道放入大量蔬菜的湯品配白飯，就是豐盛的一餐了。湯品對我來說，在心裡占有一席之地。有時間的時候，建議將高湯一次作好保存備用。如果要煮味噌湯，將冰箱現有的蔬菜加入高湯中一起煮，最後快速溶入味噌即完成湯品。也可以不加味噌，以攪拌機將放入高湯中的蔬菜打成泥，就完成一道時蔬湯品。

本書還收錄了父親在寺廟學習的基本雜菜湯食譜，依照澀味的強烈順序，一邊加入食材，一邊以油拌炒，加入少許的醬油調味，以高湯慢慢烹煮，靜置一個晚上後，味道極佳。這道湯品雖然需要稍微多花一點時間，卻能釋放出食材極致的美味，務必要品嘗看看。

甜

煮

# 馬鈴薯白蘿蔔濃湯

含在嘴裡，蔬菜的甜味會慢慢地擴散開來。
這道湯品可以讓身體暖和起來，口感濃稠。

材料（4人份）
馬鈴薯…300g
白蘿蔔…200g
昆布高湯（P.27）…800mℓ
日本水菜的葉子前端…少許（可省略）
鹽…適量

作法

**1**
馬鈴薯和白蘿蔔去皮，皆切成小塊狀。連同昆布將昆布高湯倒入鍋中，再放入馬鈴薯和白蘿蔔，開火煮至軟化後熄火。

**2**
將步驟**1**以食物調理機攪碎，攪成滑順的質感，加鹽調味後，盛在食器中，加上水菜裝飾即完成。

＊品嘗的時候，淋上橄欖油也很不錯。

## 五菜三根湯

煮

含有大量蔬菜，營養十足，一碗就滿足。
葉菜類的蔬菜只需稍微加熱，保留最多的養分。

材料（4人份）
葉菜類蔬菜（小松菜、菠菜等共5種）
…共300g
根莖類蔬菜（牛蒡、白蘿蔔、胡蘿蔔、芋頭等共3種）
…共300g
八丁味噌…5大匙
A 乾香菇…1朵
昆布…10cm見方1片
水…900mℓ

作法

**1**
將A材料放入鍋中，靜置一個晚上，作出高湯後取出香菇和昆布。

**2**
將根莖類蔬菜去皮，切成容易入口的大小，放入步驟**1**的高湯中，開火烹煮。

**3**
將根莖類蔬菜煮至軟化後，加入八丁味噌，煮至沸騰，滾煮約5分鐘，放入切成約3cm長的葉菜類蔬菜，再次煮至沸騰，熄火盛出即完成。

＊製作高湯所取出的昆布和香菇，可作成煮物。

鹹

## 經典味噌湯

煮

使用乾香菇和昆布製作的精進高湯作為湯底。
鴻禧菇也能增加湯頭的滋味。

材料（4人份）
白蘿蔔…10cm
白蘿蔔乾…10g
鴻禧菇…1株
味噌…4大匙
A 乾香菇…1朵
昆布…10cm見方1片
水…800mℓ

作法

**1**
將A材料和白蘿蔔乾放入鍋中，靜置一個晚上，作出高湯後，取出香菇和昆布。

**2**
將白蘿蔔帶皮切成1cm的小丁，鴻禧菇切掉根部後撥散。白蘿蔔與鴻禧菇皆放入步驟**1**中，開火烹煮。

**3**
將白蘿蔔煮至軟化後，熄火，加入味噌調勻即完成。

＊如果有白蘿蔔的葉子等葉菜，也可在熄火前撒上一些。

鹹

煮

# 雜菜湯

靜置一個晚上後，可以讓蔬菜釋放出本身的美味。
要訣是，必須從澀味強烈的食材開始下鍋拌炒。

材料（4人份）

白蘿蔔、牛蒡、胡蘿蔔…各200g
乾香菇（泡發）…3朵
蒟蒻…1片
木綿豆腐…1塊
小松菜…1把
昆布…5㎝見方2片
精進高湯（P.9）…1ℓ
芝麻油…2大匙
醬油…3大匙

作法

**1**
將白蘿蔔等根莖類蔬菜充分洗淨，直接帶皮隨意切塊。取下香菇的菌柄，再切成6等分。將蒟蒻片撕成小塊狀。

**2**
將芝麻油倒入大鍋中，熱鍋後放入香菇，拌炒約3分鐘，炒出香味後，放入牛蒡和蒟蒻，充分拌炒。蓋上鍋蓋，轉小火燜煮約3分鐘，掀蓋充分拌炒食材。

**3**
轉中火，放入白蘿蔔、胡蘿蔔，再拌炒約2至3分鐘，倒入醬油，蓋上鍋蓋，轉成最小火，燜煮約5分鐘後，掀蓋繼續拌炒，讓蔬菜的水分充分釋出。

**4**
放入昆布與精進高湯，轉中火，煮至蔬菜軟化，熄火，蓋上鍋蓋，靜置一個晚上。

**5**
靜置一個晚上後，如果覺得湯汁味道較淡，可加入少許的鹽（分量外），如果需要多一點甜味，則加入少許的酒（分量外），開火煮沸，放入以手捏碎的豆腐、切成3cm長的小松菜，蓋上鍋蓋，熄火，利用鍋中餘溫加熱豆腐後，即可盛出品嘗。

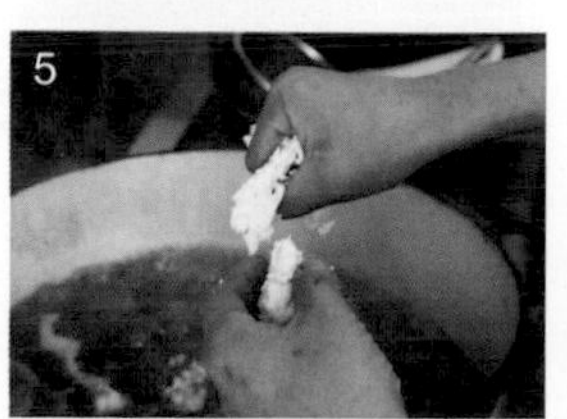

鹹

## 豆漿冷湯

生

烘烤過的味噌，可增添湯品的香氣。
為了讓味道均勻，味噌必須充分磨碎、攪拌。

材料（4人份）
豆漿（成分無調整）…400mℓ
小番茄…5至6顆
小黃瓜…1條
青紫蘇葉…2至3片
昆布高湯（P.27）…200mℓ
味噌…5大匙
白芝麻…4大匙

作法

**1**
以研磨缽將白芝麻充分磨碎。

**2**
以不鏽鋼製的湯匙挖取味噌，直火燒烤，烤至稍微上色後，加入步驟**1**的研磨缽裡，以研磨棒將味噌與白芝麻充分研磨混合。

**3**
將昆布高湯煮沸，冷卻至接近體溫後，加入步驟**2**的食材，充分混合均勻。倒入豆漿拌勻，放至冰箱冷藏約1小時，使其冷卻。

**4**
將小黃瓜切成薄片，以鹽搓揉後擰乾水分。小番茄去除蒂頭，切成一半。青紫蘇葉切成絲。

**5**
將步驟**4**的材料加入步驟**3**中，拌勻即完成。

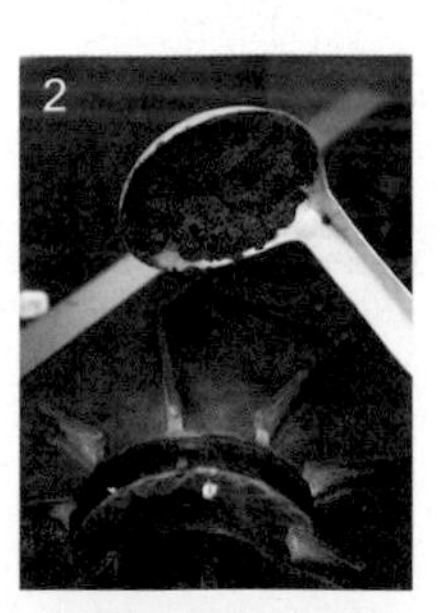
2

2

# 醬料

清淡的料理加上沾醬或醬汁，成為很有趣的搭配。小牧食堂有很多款的沙拉，因此醬料總是可以派上用場。白醬油果凍透明清澈的質感，增添了料理細緻的美感；胡蘿蔔醬或草莓醬色澤鮮豔、可愛，能為配菜賦予華麗的色彩和滋味；黑芝麻醬和白芝麻醬，能為清淡的配菜增加醇厚的質感；美乃滋口感的醬料和炸物非常搭配，適合作起來常備；使用高野豆腐製作的肉感味噌醬等醬料，即使單吃也很夠味，適合配飯食用。即使是相同的食材，因為不同的醬料，口味就會有不同的層次變化。藉著各式醬料的搭配，說不定能重新認識食材本身的風味，而這正是醬料的魅力所在。

## 黑・白芝麻醬

可以增加料理的醇厚質感。
只要有這兩種醬料，什麼料理都會變得好吃。

材料（容易製作的分量）
芝麻醬（黑芝麻或白芝麻）
…100g
醋…80mℓ
醬油…2大匙

作法

所有材料以食物調理機攪打約1分鐘即完成。

## 白醬油果凍

加入洋菜粉慢慢熬煮而成，具有淡淡甜味的醬汁。
適合搭配漬菜或烤蔬菜作為調味。

材料（容易製作的分量）
洋菜粉（或寒天粉）
…5g
白醬油（或淡口醬油）
…200mℓ
水…250mℓ

作法

將所有材料一起放入鍋中，充分攪拌混合。拌至均勻後，開火，煮至沸騰，再放入容器中冷卻即完成。

＊洋菜粉萃取自海藻，也有部分萃取自豆科植物。透明度高，潤彈的口感介於吉利丁和寒天之間。

## 肉感味噌醬

高野豆腐處理後像肉一般，具有分量感。
拌入蔬菜中食用，滿足感大為提升。

材料（容易製作的分量）

高野豆腐…1塊
八丁味噌…100g
薑（切碎）…30g
黑砂糖…50g
水…200mℓ
芝麻油…2大匙

作法

**1**
將高野豆腐泡在大量的水裡，泡至軟化後，確實瀝乾水分，以食物調理機攪碎。

**2**
將芝麻油倒入已經熱鍋的平底鍋中，拌炒薑末。出現香氣之後，轉小火，放入步驟**1**的豆腐和剩下的其他材料，燉煮至均勻入味即完成。

## 美乃滋醬

在豆腐泥裡加入味噌，增添淡淡的香，
作出像美乃滋一般醇厚的質感，很適合搭配炸物。

材料（容易製作的分量）

木綿豆腐…1塊
顆粒芥末醬…2大匙
醋…80mℓ
味噌…1大匙
橄欖油…50mℓ

作法

將所有材料放入食物調理機，攪打約2分鐘即完成。

## 草莓醬

運用草莓的酸甜風味，作出鮮美的醬料。
鮮豔的顏色也會成為料理的亮點。

材料（容易製作的分量）
草莓（大）…5至6顆
醋…100mℓ
白味噌…2大匙
芝麻油…50mℓ

作法

將所有材料放入食物調理機，攪打約30秒即完成。

## 胡蘿蔔醬

如果覺得最近蔬菜攝取量好像不夠，只要淋上這款醬汁，
立即就能品嘗到胡蘿蔔的天然甜味。

材料（容易製作的分量）
胡蘿蔔(磨成泥)
…100g
醋…100mℓ
白味噌…2大匙
芝麻油…50mℓ

作法

將所有材料放入調理碗中，拌勻即完成。

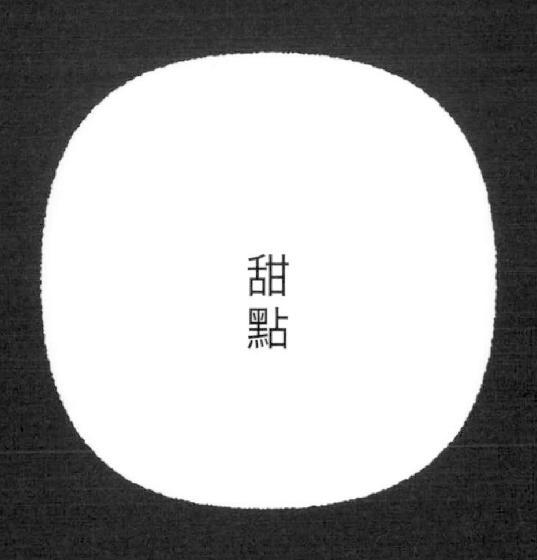


精進料理的甜點當然不會使用雞蛋或奶油，因此，和菓子的代表性食材「紅豆餡」就被充分地運用在甜點的製作上。試著仔細回想，以前曾經吃過的蜜紅豆或心太（以海藻類食材煮出類似寒天的物質，冷卻固化後再以糖調味的日式點心）等點心，幾乎都可算是精進料理。精進料理也可以作出西式點心。不使用奶油，改用米油等植物油；不使用牛奶，改以豆漿取代。如果加入醬油或味噌提味，還可作出柔和的醇厚質感，成為味覺上的亮點，呈現出清爽、和洋混搭的點心風味。很多人一提到精進料理就聯想到禁欲主義，但實際上，精進料理是一種很隨和且貼近常民生活的料理。不需要特別忍耐，而是換個角度思考：如果不使用奶油，為了讓點心更好吃，應該換成什麼食材呢？在找出這些問題如何解決的過程中，也會擁有新發現的樂趣，並開發出新的風味。

# 紅豆餡的作法

紅豆餡可以一次製作出較大的分量備用。
可作成紅豆湯，也可在烘焙點心時添加。

材料（容易製作的分量）
紅豆（乾燥）…500g
黑砂糖…350g

作法

**1**

將紅豆與3至5倍分量的水放入鍋中，開大火。沸騰後轉小火，煮至紅豆膨脹、手指可壓碎的程度。

**2**

將黑砂糖分2次加入，熬煮至濃稠的狀態，熄火即完成。

＊煮紅豆時注意不要讓湯汁溢出鍋子，避免流失紅豆的營養成分。紅豆不一定要泡水後才煮。

## 葛粉芝麻紅豆湯

以葛粉作出濃稠的質感。
放入大量的芝麻，營養價值大為提升。

材料（4人份）

A ┌ 紅豆餡…200g
  │ 水…300mℓ
  └ 黑芝麻醬…1大匙
葛粉漿…葛粉20g＋水50mℓ
豆腐湯圓（☆）…適量

作法

**1**
將A材料放入鍋中，轉小火，充分攪拌至黑芝麻醬均勻化開，放入葛粉漿，充分攪拌後熄火。

**2**
將步驟**1**倒入食器中，再放上豆腐湯圓即完成。

## 紅豆湯

將自製的紅豆餡兌水稀釋，馬上就可作出紅豆湯。
適合與豆腐湯圓一起食用。

材料（4人份）

紅豆餡…300g
水…200mℓ
豆腐湯圓（☆）…適量

作法

將紅豆餡和開水放入鍋中，開火加熱後熄火，倒入食器裡，放上豆腐湯圓即完成。

☆豆腐湯圓的材料和作法（約12顆份）

將80g的木綿豆腐瀝乾水分，放入50g的白玉（湯圓）粉裡，利用豆腐內含的水分將兩者攪拌均勻。拌至可形成耳垂狀的軟度後，揉成2至3cm左右的橢圓形，再以指腹按壓中央，依序作出約12個湯圓。將湯圓放入沸騰的滾水中，湯圓浮起後，撈出泡入冰塊水中，冷卻即完成。

# 馬芬

不使用乳製品，質感蓬鬆又輕盈。
不要過度攪拌麵糊，攪拌的步驟要盡快完成。

材料（馬芬烤模10個份）

A
- 麵粉（或低筋麵粉）…200g
- 泡打粉（使用不含鋁的產品）…1大匙

B
- 豆漿（成分無調整）…180mℓ
- 米油…100mℓ
- 甜菜糖…100g

作法

**1**
將A材料放入調理碗中，以打蛋器充分攪拌均勻。

**2**
將B材料放入另一個調理碗中，以打蛋器充分攪拌約3分鐘。

**3**
將步驟**1**分3次放入步驟**2**中，以橡皮刮刀大幅度地攪拌均勻後，等分量地倒入馬芬烤模中。

**4**
烤箱預熱至180℃後，放入步驟**3**的麵糊烤10至13分鐘，再將溫度調降至160℃，繼續烘烤15分鐘後，直接放在烤箱裡，利用餘溫加熱約10分鐘即取出。

**5**
為了避免蒸汽破壞馬芬的口感，將馬芬放在網架上，並蓋上乾燥的布巾，可讓馬芬的口感保持穩定。冷卻後即可食用。

＊根據個人喜好，將紅豆餡或果醬放入馬芬中也很不錯。製作時將麵糊倒入烤模一半高度時，放入紅豆餡，再倒入麵糊蓋住餡料，其餘步驟與原味作法相同。

# 蜂蜜薑汁寒天

以薑的辣味作為亮點的和風甜點。
因為甜度不高，可根據個人喜好淋上糖漿食用。

材料（4個份）
蜂蜜…100mℓ
薑汁…50mℓ
寒天粉…5g
水…400mℓ
〈糖漿〉
蜂蜜…20mℓ
水…50mℓ

作法

**1**
將寒天粉和水放入鍋中混合，以木匙充分攪拌。再加入蜂蜜和薑汁，攪拌均勻後開火烹煮。

**2**
煮至沸騰後熄火，倒入模型，降溫後放入冰箱冷藏，使湯汁冷卻凝固成寒天凍。

**3**
將糖漿的材料放入鍋中混合，開火將蜂蜜化開即熄火，降溫備用。

**4**
從冰箱取出步驟**2**的寒天凍，脫模後盛在食器上，最後淋上步驟**3**的糖漿即完成。

# 巧克力味噌蛋糕

實際上，巧克力也是屬於發酵食品，
和八丁味噌同屬發酵類食材，很適合搭配在一起。

材料
（18×10×高5cm的磅蛋糕模1個份）

A
- 麵粉…200g
- 泡打粉…1大匙

B
- 豆漿（成分無調整）…180mℓ
- 米油…100mℓ
- 甜菜糖…100g
- 可可粉…200g
- 八丁味噌粉…10g
（或以20g的熱水溶解20g的八丁味噌）

豆腐奶油（☆）…適量
檸檬皮（磨碎）…適量

作法

**1**
將A材料放入調理碗中，以打蛋器攪拌均勻。

**2**
將B材料放入另一個調理碗中混合，以打蛋器充分攪拌約3分鐘。

**3**
將步驟**1**分3次加入步驟**2**中，以橡皮刮刀大幅度攪拌均勻後，倒入烤模。為了避免烤焦，上面蓋上一層烘焙紙。

**4**
烤箱預熱至180℃後，將步驟**3**的麵糊放入烘烤15分鐘，再將溫度降至160℃，繼續烘烤25分鐘後，直接放在烤箱裡，利用餘溫加熱約10分鐘即取出。

**5**
蛋糕脫模，放在網架上降溫，蓋上乾燥的布巾，讓蛋糕的口感保持穩定。冷卻後切片，盛在食器上，加上豆腐奶油和檸檬皮即可食用。

☆豆腐奶油の作法（容易製作的分量）
將200g木綿豆腐稍微瀝乾水分，和50mℓ楓糖漿、10mℓ檸檬汁一起放入食物調理機中，攪打1分鐘即完成。

以「家族旅行」為名義出發，女孩們開著車，走訪日本各地，目的地是發酵調味料的商店或工廠。藉著採訪商店、工廠的過程，瞭解各地調味料的歷史背景，認識當地的飲食文化與鄉土料理等各式各樣的訊息。我在探訪的過程中，得知了某個地方發展出某種調味料的緣由，也認識了許多守護這個味道的人們。在這過程中，聆聽了許多寶貴的經驗，其中我發現大家都有一個共通的問題，那就是願意傳承的人極為不足。而且，儘管這些職人們作出非常棒的商品，鋪售的通路仍然有許多的問題，非常可惜。在日本，現在仍有許多依循古法製作的調味料，人們運用大自然的力量生產調味料，味覺上的豐富程度令人驚奇不已。小牧食堂就是使用日本這些優秀的調味料，在店鋪裡也有少量販售，我期望讓更多人知道世界上還有這麼多的寶物。

糖

## 沖繩鍋煮黑糖

180g／270g

沖繩的陽光與大地的恩惠孕育了甘蔗，經加工後製成了這一款黑糖。甘蔗收成後馬上萃取，仔細去除灰汁（熬煮過程中，浮在表面的浮沫與渣渣），如此一來就不會產生澀味，糖蜜的風味強烈。至今仍持續以「三層鍋」這種獨門的方法熬製。

使用三層的鍋子，以階段式方法熬煮，煮至黑糖濃縮液呈現滑順質感。這種黑糖很適合用來製作料理，直接品嘗也很不錯。

海邦商事
沖繩縣宇流麻市州崎8-19
http://www.kokutou.jp/

## 三州三河味醂

700mℓ

## 有機三州味醂

500mℓ

運用國產特殊栽培糯米的美味，以日本傳統技術釀造而成的正統味醂。具有絕佳的美味，在日照之下能顯現出迷人的光澤。「有機三州味醂」（右）全部的原料皆使用國產有機米，含有大量米的甜味。

將蒸過的糯米、米麴、米燒酎（日式燒酒）混合在一起釀造。味醂的發酵必須經過長期的糖化熟成，整個製程約需要兩年的時間。

角谷文治郎商店
愛知縣碧南市西浜町6-3
http://www.mikawamirin.com/

## 最上白味醂

600mℓ

使用國產糯米製作，人們藉由這款傳統味醂，守護著從江戶時期流傳下來的手工製法。以手工的方式將糯米和米麴混合，加入米燒酎（日式燒酒）等材料，經過五十五天的時間，以炭火保溫熟成。顏色淡淡的，故而稱為「白味醂」，這是因為提高了糯米的精白度（精白度愈高的米，愈容易蒸熟、糊化，能夠提高釀造的品質）。

米洗淨後，以這個兩層式的蒸米機具蒸煮，再以人工和麴攪拌混合。

馬場本店酒造
千葉縣香取市佐原イ614-1
http://www.babahonten.com/

酒

## 純米料理酒

720mℓ

使用當地產的低農藥栽培米種「若水」，以和釜（和式鍋具）、木甑（木桶）、麴蓋等器具，採用自古流傳的製法用心釀製。酒精濃度15度，料理時只需少許用量，就能讓料理的味道更有層次。直接品酩也很美味。

酒中的水含量約有80%，自設水道引用距離酒廠約2公里遠的知多半島泉水，這是這款酒的講究之處。

澤田酒造
愛知縣常滑市古場町4-10
http://www.hakurou.com/

鹽

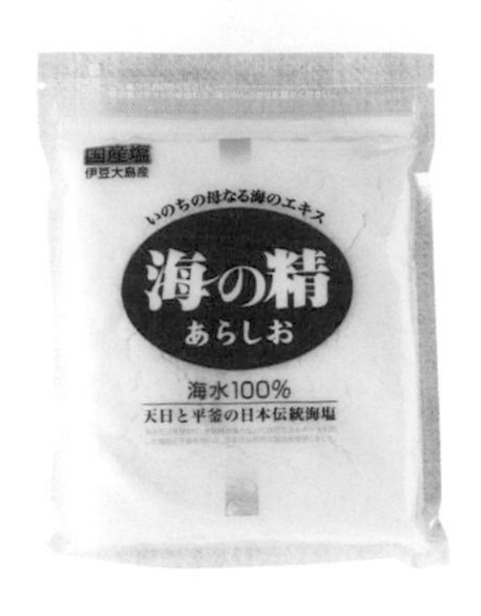


海之精 粗鹽

240g ／500g

1972年，鹽田從日本國土消失，販賣用的純鹽就此消失殆盡。因應消費者需要傳統鹽的呼聲，終於重啟「海之精」的製作。柔和的甘甜美味，同時具有厚度和深度，能夠自然地釋放出食材的美味。

以網架下流式的鹽田濃縮海水，再以蒸汽式平釜鍋熬煮成結晶鹽。以傳統的製法製作，含有均衡的礦物質成分。

海の精
東京都新宿區西新宿7-22-9
http://www.uminosei.com/

沖繩之鹽

I kg

自墨西哥或澳洲進口日曬鹽，以沖繩的海水溶解後，以平釜鍋確實熬煮製作而成。經過再次以海水溶解而製成的鹽，含有來自海水中的鎂、鉀、鈣等成分。

平釜鍋設置在室內，熬煮高濃度的海水時，可避免燒焦並使其產生漂亮結晶。將結晶鹽乾燥後就完成了。

青い海
沖繩縣系滿市西崎町4-5-4
http://www.aoiumi.co.jp/

## 傳統釀造米醋

700mℓ

糙糯米經過五百天的熟成後形成糙米醋，與古法手工釀造的純米醋調和後，再以甜酒和本味醂調味，這一款調味料可以左右料理的味道。使用的原料為米麴、和歌山縣產的米，以及與那智瀑布相同水源的井水。

「米醋」是在釀造倉庫裡製作而成。釀造倉庫的建築結構，包括土間、土壁、合掌造型的建築體，從明治十二年創業以來就沒有改變過。倉庫內排列著以熊野杉製成的大木桶。

丸正酢釀造元
和歌山縣東牟婁郡那智勝浦町天滿271
http://www.marusho-vinegar.jp/

## 有機醬油

500mℓ

使用有機認證的黃豆、小麥和天日鹽製成，香氣十分濃郁。製法是以傳統的杉木桶釀造，經過一年半以上的時間，讓醬油熟成至圓潤的風味。瀨戶內海的小豆島町擁有四百年的醬油製造歷史。

以這個杉木大桶製作醬油，必須經過兩個夏天才能完成。除了桶子，整個釀造倉庫的環境也很適合持續產生有助於自然熟成的天然酵母。

YAMAHISA
香川縣小豆郡小豆島町安田甲243
http://www.yama-hisa.co.jp/

## 足助三河白醬油

150mℓ

以愛知縣產的小麥和伊豆大島的傳統海鹽「海之精」為原料，完全不使用化學調味料和防腐劑。因為不使用黃豆製作，依據日本現行的法規無法在包裝上直接以「醬油」標示，但是功能和使用方法和醬油很相近，等於是復刻古時候「麥醬」的產品。

奧三河足助古城以美味的泉水著名。這裡的釀造倉庫使用傳統的木桶，以天然方式釀製。

日東釀造
愛知縣碧南市松江町6-71
www.nitto-j.com/

## 精進高湯醬油

200mℓ× 7罐

嚴選昆布和乾香菇製成高湯，再加入從山薯、白蘿蔔、胡蘿蔔、牛蒡、白菜、馬鈴薯等七種蔬菜萃取出的湯汁，長時間熬製而成。這款醬油有著清爽的韻味，祕密即為使用梅肉提味。使用這類淡口醬油，可以作出清新的風味料理，忠實呈現食材本色，也可直接稀釋醬油當成湯品品嘗，在精進料理的世界裡被自由隨意地運用著，很受到歡迎。

鎌田商事
香川縣坂出市入船町2-1-59
http://www.kamada.co.jp/

## 有機生味噌

400g

不加熱，不使用添加物，使用已有八十年歷史的大木桶產生的天然酵母，製成這款「天然釀造生味噌」。廠商與金澤當地的有機農家合作，以講究品質的黃豆和米作為原材料，濃郁的甜味和特有的香氣是其特色。

長年使用的大木桶，每一個可釀造出三噸的味噌。在這些木桶中有著天然酵母，就是味噌的美味來源。

YAMOTO醬油味噌
石川縣金澤市大野町4-イ170
http://www.yamato-soysauce-miso.co.jp/

## 溫泉味噌

750g

「津輕味噌」已經成為紅味噌的代名詞，具有深度的香醇味為其特色。黃豆和米麴的比例分量相同，被稱為「十割麴」。米麴天然的柔和甜味和鹽的鹹味有著微妙的平衡，在清淡的味道中，可以嘗出具有層次的美味。

傳承古法，使用當地知名的大鰐溫泉熱源進行發酵，經過長時間的熟成。原料完全使用津輕當地產的黃豆和國產米。

津輕味噌醬油
青森縣南津輕郡大鰐町湯野川原56
http://www.maru7.jp/

## 江戸甜味噌

500g

濃稠、具有獨特甜味的米味噌。微妙運用蒸得軟爛的黃豆香味和米麴甜味調製而成，是一款具有光澤感的咖啡色味噌。製作味噌田樂燒或味噌湯（どじょう）等江戶料理不可或缺的調味料。鹹度、甜度和京都的白味噌類似，比起一般的紅味噌（仙台味噌、信州味噌），使用了兩倍多的米麴和半量的鹽。因為使用大量的米製作，在戰爭期間被視為奢侈品而限制使用，也因此被稱為「夢幻味噌」，近年才重新製作。

日出味噌釀造元
東京都港區海岸3-2-9
http://www.hinodemiso.co.jp/

## 仙台味噌

770g

以最好的比例調配嚴選的米、黃豆、鹽，其美味僅靠食材的力量、四季的溫度變化以及職人的手工成就。經過寒冷漫長的釀造發酵，作出豪華、具有層次感的味噌。

採用天然釀造法須耗時熟成，代代相傳的手藝使用的是超過百年以上的秋田杉木桶。

阿部幸Food Services
宮城縣仙台市青葉區宮町2-1-47
http://www.3083.jp/

## 三河產大豆 八丁味噌(銀袋)

400g

三河位於愛知縣岡崎市周邊，以三河產的大豆作為原料，並以傳統的方法釀製，經過二十四個月以上熟成。天然釀造的豆味噌即使再次烹煮也不會改變味道，反而會增加甜味，這是這一款味噌的特色。當然可用來作味噌湯，製作西洋料理時也可用來提味，味道相當不錯。

使用杉木桶進行釀造，並將溪河邊的石頭像山一樣堆積，重壓在木桶上。因為長時間熟成，具有濃醇的厚度和酸味、澀味、苦味，讓這款味噌具有獨特的風味。

KAKUKYU八丁味噌
愛知縣岡崎市八帖町字往還通69番地
http://www.kakukyu.jp/

## 市房味噌

1 kg

產地在熊本縣球磨郡的湯前町下村地區。昭和二十五年，為了在心靈和物質上支持女性，同時也為了改善生活，下村婦女會開始以當地農作物製作味噌。在九州地方普遍被使用的自製麥味噌，甜味強烈而圓潤。

麥味噌從製作麥麴開始，完全以手工製作。食材只使用九州產的大豆和麥，以及麥麴、鹽，再使用球磨燒酎製成。

下村婦女會市房漬加工公會
熊本縣球磨郡湯前町下村3116-3

菜籽油

## 初榨焙煎菜籽油

138g

以自昭和二十四年創業時即傳承下來的壓榨法榨取，經以濾紙過濾製作而成。原料所使用的菜籽全部都產自當地，直接向三河的生產者購買。以自然日曬的方式將菜籽適當乾燥，生產出沒有雜味的食用油。

從上一代流傳至今，使用特製的原創焙煎鍋，藉由柴火焙煎。因為會修理這種鍋具的職人已經後傳無人，所以要很謹慎地使用。

RINNESHA
愛知縣津島市宇治町天王前80-2
http://www.rinnesha.com/

芝麻油

## MARUHON太白芝麻油

450g

不焙煎，直接以新鮮芝麻榨取的無色透明油，芝麻油特有的香氣並不濃郁，平常料理可直接用來取代沙拉油或橄欖油，能夠中和食材的澀味或異味，並釋出食材的甜味，因此不論和食、洋食、中菜，使用這款芝麻油都可以提升美味。不透過化學藥品萃取，而是採用高壓榨油，雖然手續比較繁複，但是品質佳且安全，可安心食用。

竹本油脂
愛知縣蒲郡市浜町11
http://www.gomaabura.jp/

## 米油

500g

以新鮮的米糠和胚芽製成，滋味清爽，直接食用具有一股柔和的甜味。蘊含豐富的天然抗氧化成分，不容易酸化，即使長時間放置也不會影響風味，炒菜或油炸時不容易產生會造成「噁心」症狀的物質，這是這一款油的優點。此外，蘊含豐富的維生素E，有助防止體內脂肪酸化，幫助維持細胞的健康。

築野食品工業
和歌山縣伊都郡葛城町新田94
http://www.tsuno.co.jp/

## 自家農園栽培橄欖油

180g

以國產橄欖而聞名的小豆島，從平成元年開始在自家農園栽種只使用有機質肥料培育的橄欖，再以手工摘取收成。瓶裝的初榨橄欖油，可品嘗新鮮的水果風味。

秋天時節，以人工手摘一顆一顆的橄欖，接著將橄欖磨碎以便榨取橄欖汁。

YAMAHISA
香川縣小豆郡小豆島町安田甲243
http://www.yama-hisa.co.jp/

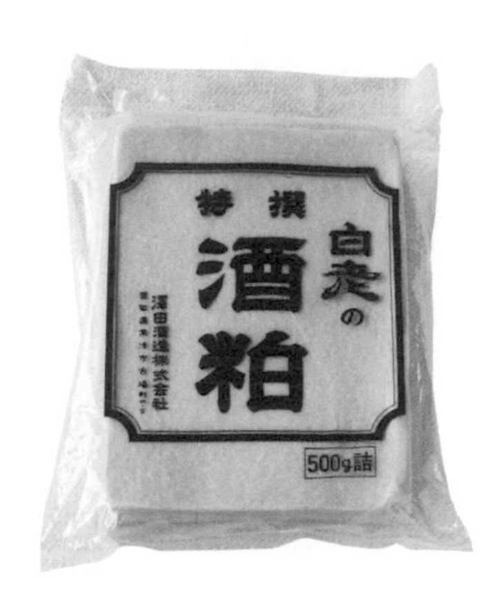


## 白老特選酒粕

500g

釀造日本酒的副產物酒粕可再利用，完全不浪費食材。這一款是名酒「白老」的酒粕，運用這個風味的優點，少量加入料理中，就會讓料理的香氣更有層次。新酒粕是新酒時節限定販售的人氣季節商品。酒粕含有蛋白質和各種維生素，營養價值很高，最適合用來預防感冒。不管是作成粕汁，或作成甜酒，甚至直接烘烤食用都很美味。

澤田酒造
愛知縣常滑市古場町4-10
http://www.hakurou.com/

## 有機味醂粕

200g

釀造「有機三州味醂」所產生的副產品。味醂粕呈白色、蓬鬆狀態，很像盛開的梅花，因此又別稱「散梅」。具有米的自然甜味與柔和的芳香，在江戶時代是一款受歡迎的點心。

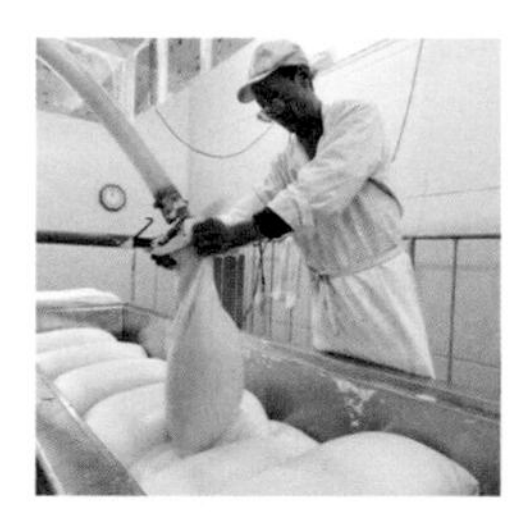

榨取味醂時，將味醂和味醂粕分開。用於料理之前，可以先嘗一口味醂粕試試味道。

角谷文治郎商店
愛知縣碧南市西浜町6-3
http://www.mikawamirin.com/

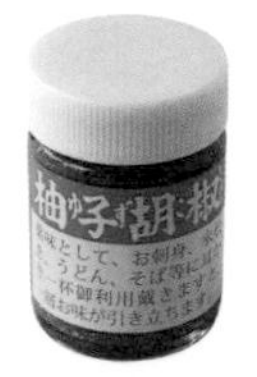

## 柚子胡椒（青）

40g

使用位在熊本縣南部球磨地區的柚子、綠辣椒製成。當地婦女會的成員將柚子一顆一顆剝皮、切碎後，和綠辣椒、鹽混合，確實熟成。打開蓋子，清爽的香氣撲鼻而來，在刺激的辣味中，帶有青柚特有的風味。可以應用在鍋類料理，或烏龍麵、蕎麥麵等各式料理的調味。不只是和食，使用在義大利麵或沙拉等洋食也很美味。

下村婦女會市房漬加工公會
熊本縣球磨郡湯前町下村3116-3

麻

## 高級烘焙芝麻粉（白・黑）

（白黑皆是）85g × 5袋

「芝麻粉」是使用杵臼將芝麻像搗麻糬一樣搗成細顆粒。和一般的「磨碎芝麻」相比，因為經過「搗」的工序，充分搗出含有甜味的油脂，不管和搭配什麼料理都很合適，可呈現出極佳的甜味和濕潤感。

芝麻的成分約50%，油脂富含甜味。使用杵臼研磨會讓芝麻表面較為濕潤，也會因此帶來大量的甜味。

Onizaki Corporation
熊本縣熊本市中央區上水前寺1-6-41
http://www.gomagoma.net/

# 改善身體症狀的湯品

我們的身體是由每天所吃的食物建構而成。換句話說，我認為身體不舒服時，可以透過食物緩和症狀。為了能改善現代女性常見的身體困擾，我與總是照顧我的「台所漢方」一起製作這一系列的湯品。西藥雖然可以輕易地入口，卻無法根本地改善身體，日後還是可能會出現相同的症狀。不舒服的時候，不能只是抑制當下的症狀，也應該要想辦法根除成因，讓身體維持在穩定的狀態。我認為可以每天自己製作能暖和身體的湯品，並藉著品嘗湯品調整自身的體質。工作結束回到家，每晚製作營養均衡的晚餐可能對不少人會有點難度，但如果是簡單就能製作的湯品，即使每天煮也不會構成太大的壓力。

## 漢方營養師的養生湯品
## 幫助你逐步調整體質

位於東京中目黑的「台所漢方」是一家專營中藥的藥局。以東方醫學的原點「食」為主，店中藥草茶、中藥、新鮮草藥和化妝品一應俱全。我家在這間藥局的附近，有一天便和古尾谷營養師偶然相遇。我們兩人都認為，吃進嘴巴的東西會對人體帶來影響，在小牧食堂裡我也使用「台所漢方」的藥草茶。

古尾谷營養師曾經這麼說：「中國有個詞彙叫做『未病』，也就是還稱不上生病，但身體有點不適，正處於快要生病的狀態。在這種『未病』的狀態中，透過中藥或食物的穩定作用，可以幫助身體回復健康，而這是非常重要的養生觀念。」

我也認為，身體一旦發生體寒或便祕等症狀，一開始就可以借助食物的力量減緩症狀，接下來才不會釀成大病。以前中國皇宮裡的太醫，不管是內科或外科，都被稱為食醫。他們不只治療病症，更重視的是為了不讓病症產生而調配飲食。當身體感到不適，請務必謹慎地選擇入口的食物，如此一來就能在還沒生病前保護自己，促進身體健康。

〈監修者〉

漢方營養師

古尾谷奈美

台所漢方

東京都目黑區東山1-3-3-2F
http://daidokorokampo.com

對付乾燥肌

# 薏仁番茄湯

薏仁含有大量優質蛋白質，
幫助肌膚回復水潤狀態。

材料（4人份）
薏仁（乾燥）…100g
金針菜（乾燥）…30g
胡蘿蔔（切絲）…50g
小番茄（取下蒂頭切對半）
…10顆
A 八丁味噌…2大匙
昆布高湯（P.27）…800mℓ
芝麻油…1大匙
鹽、黑胡椒…各少許

作法

1
薏仁以大量熱水煮至軟化，再以濾網撈起瀝乾水分。將金針菜浸在大量的溫水裡約2小時泡發。

2
鍋中倒入芝麻油，熱鍋後倒入步驟**1**的材料，再倒入胡蘿蔔和小番茄，拌炒均勻。

3
番茄軟化後，撒鹽、胡椒，轉小火再拌炒1分鐘。

4
加入A材料，蓋上鍋蓋，轉中火燉煮7至8分鐘，熄火即完成。

漢方營養師的建議

薏仁自古就是對皮膚很好的食材，可抑制粉刺或濕疹等伴隨發炎症狀的肌膚問題。這類問題是肌膚表面的溫度太低所引起，建議食用能夠促進血液循環的金針菜。

## 胡蘿蔔糙米山椒濃湯

濃稠度十足，可慢慢暖和身體，
幫助從內而外對抗體質冰冷的症狀。

材料（4人份）

胡蘿蔔…200g
糙米飯（煮熟）…150g
昆布高湯（P.27）…800mℓ
鹽…1大匙（依個人喜好調整）
山椒粉…少許

作法

1
將胡蘿蔔切成銀杏形（先切成圓片，再十字切成四等分），並以昆布高湯煮至軟化。

2
將糙米飯、鹽、山椒粉放入步驟**1**，以中火煮約10分鐘後熄火。稍微降溫後，以食物調理機將所有食材攪碎即完成。

漢方營養師的建議

體質寒冷大多是因為體內臟器血液循環不佳所造成。以營養豐富的糙米打造健康的內臟，再藉由胡蘿蔔強化腸胃機能，促進良好的消化功能。內臟機能的活絡程度，和體質冰冷有密切關係。

生理期照護

## 梅香豆漿八角湯

西梅乾的甜酸滋味和八角的風味非常搭。
這一道湯品嘗起來完全像是溫熱的甜點。

材料（4人份）

豆漿（成分無調整）…300mℓ

A
- 西梅乾（無籽）…8個
- 水…600mℓ
- 鹽…1大匙（依個人喜好調整）
- 八角…1個

作法

**1**

將A材料放入鍋中，開火煮至湯水剩下一半左右，熄火。

**2**

步驟**1**稍微降溫後，取出八角，以食物調理機將其他材料打碎，再倒回鍋中，接著倒入豆漿，加熱至快要沸騰的程度即熄火，盛至食器，最後放上八角即完成。

漢方營養師的建議

針對生理期的不適感，建議料理中使用可活化女性荷爾蒙的八角。生理痛大多是嚴重貧血所造成，可攝取具有造血效果的西梅乾，藉此減輕症狀。也可食用和女性荷爾蒙成分相似的豆漿，對身體有良好的幫助。

舒緩花粉症

## 薄荷白醬油無花果木耳湯

顏色清澈，可享受滑潤的口感。
咕嚕咕嚕地喝下去，鼻腔會感到一陣清新。

材料（4人份）

A
- 無花果（半乾燥）…8個
- 薄荷（新鮮）…1小包
- 水…800mℓ

黑木耳（乾燥）…4至5g
白醬油（或淡口醬油）…3大匙
葛粉漿…葛粉20g＋水50mℓ
薄荷葉（裝飾用）…少許

作法

1
將黑木耳浸在溫水中，泡發後去除根部。

2
將A材料放入鍋中，開火，煮5分鐘後取出薄荷，加入切成容易入口的黑木耳和白醬油，以葛粉漿勾芡，熄火。

3
在大調理碗中放入冰塊水，將步驟2的鍋子放入，讓鍋中物隔水冷卻。冷卻後，盛至食器，最後以薄荷葉裝飾即完成。

漢方營養師的建議

薄荷可幫助氣血流動，具有排毒效果，能讓鼻塞的鼻腔頓時暢通。患有花粉症的人通常源於腸胃不好，因此加入對腸胃很有益的無花果。黑木耳也具有排毒的效果。

對抗感冒

# 肉桂白蘿蔔味噌湯

概念就是在一般的味噌湯裡加入肉桂。
在較為疲勞時，也可當成預防風寒的湯品。

材料（容易製作的分量）
白蘿蔔（隨意切塊）…300g
精進高湯（P.9）…800mℓ
味噌…4大匙
肉桂棒…１根

作法

**1**
將白蘿蔔和肉桂棒放入精進高湯中，開火將白蘿蔔煮至軟化。

**2**
熄火，取出肉桂，放入味噌溶解即完成。

漢方營養師的建議

肉桂具有發汗的功效，可驅除體表的熱氣，有效對抗感冒的初期症狀。感冒時，往往會消化不良，體力大幅滑落，建議食用白蘿蔔，有助提升消化功能，幫助吸收營養，並抑制生痰和咳嗽症狀，藉此儲存體力。

改善失眠

## 百合根蓮藕茼蒿湯

適度的酸味是湯品調味上的亮點。
以白色為基本色調，能夠療癒心靈。

材料（4人份）
百合根（大）…1個
蓮藕…100g
山茼蒿…½把
精進高湯（P.9）…800ml
柚子胡椒…1小匙
醋…3大匙
芝麻油…1大匙

作法

1
百合根一瓣一瓣剝開，洗淨備用。蓮藕過黑的部分去皮，切成小於1cm厚度的銀杏形。

2
將芝麻油倒入鍋中，熱鍋後倒入步驟1的食材拌炒。蓮藕炒熟後，加入精進高湯，續煮5分鐘。

3
放入柚子胡椒和醋調味，再放入切成3cm長的山茼蒿，再次煮沸，熄火即完成。

漢方營養師的建議

據中國古代醫書記載，食用百合根可治療神經過敏，屬於能夠穩定神經的食材。大部分失眠的原因來自於精神不安，食用百合根湯有助於漸次緩解不安的情緒。

緩解便祕

# 牛蒡羊栖菜芝麻濃湯

凡事過猶不及，纖維豐富的食材也不應一次吃太多。
請確實燉煮成濃湯後飲用。

材料（容易製作的分量）
牛蒡…400g
羊栖菜（乾燥）…3g
磨碎的黑芝麻…3大匙
精進高湯（P.9）…800mℓ
味噌…3大匙

作法

1
羊栖菜泡發後瀝乾水分，備用。

2
牛蒡充分洗淨，切成小塊。如果羊栖菜太長，可切成約2cm長。將精進高湯倒入鍋中，再放入牛蒡、羊栖菜、磨碎的黑芝麻，燉煮至食材軟化，熄火。

3
放入味噌溶解。稍微降溫後，以食物調理機將所有食材攪碎即完成。

漢方營養師的建議

便祕大多是因為腸道乾燥所引起。芝麻的油脂可適度地滋潤腸胃，幫助累積的糞便順暢排出。此外，羊栖菜和牛蒡的食物纖維與礦物質也能發揮效果，請體驗看看。

## 結語

我一直期望著自己能夠經營一間
「推廣日本飲食文化的咖啡店」。
和日本各地的調味料商店、農家們相識，
遇見了各個地方製作優質食材的人們，
我將料理當成一生的志業，
並持續構思著，希望讓美好的事物能產生聯結。
偶爾牽起了緣分，決定在秋葉原開設小牧食堂，
這家小店像是一座橋，
連結著食材供應者和品嘗美味的消費者。
食堂除了飲食，也是一處關心食物的場所，
這一切的善緣，讓我感到非常開心。

雜菜湯是精進料理的代表性湯品，
湯底完成後，將豆腐握碎加入，
散落在湯裡的豆腐，
不論是高僧或見習的僧侶都能品嘗——
飲食這件事從來就沒有任何階層的分隔，
精進料理包容著任何背景的人們。

對身為料理人的我而言，
一邊感謝入口的食物，一邊品嘗每天的飯菜，
就在這樣的契機下，成就了這本書的誕生——
還有什麼能比這樣的事更令人開心的呢？

國家圖書館出版品預行編目 (CIP) 資料

優雅食．天然素：小牧食堂の精進料理 / 藤井小牧作；簡子傑譯．-- 初版．-- 新北市：養沛文化館出版：雅書堂文化發行，2018.07
面；　公分．--（自然食趣；25）
譯自：カフェ風精進料理：こまき食堂
ISBN 978-986-5665-61-6(平裝)

1. 素食食譜 2. 日本

427.31　　107010260

自然食趣 25

優雅食・天然素
# 小牧食堂の精進料理

作　　者／藤井小牧
譯　　者／簡子傑
發 行 人／詹慶和
總 編 輯／蔡麗玲
執行編輯／李宛真
特約編輯／黃建勳
編　　輯／蔡毓玲・劉蕙寧・黃璟安・陳姿伶・陳昕儀
執行美術／陳麗娜
美術編輯／周盈汝・韓欣恬
出 版 者／養沛文化館
發 行 者／雅書堂文化事業有限公司

郵撥帳號／18225950
戶　　名／雅書堂文化事業有限公司
地　　址／新北市板橋區板新路206號3樓
電子信箱／elegant.books@msa.hinet.net
電　　話／(02)8952-4078
傳　　真／(02)8952-4084

2018年7月初版一刷　定價350元



經銷／易可數位行銷股份有限公司
地址／新北市新店區寶橋路235巷6弄3號5樓
電話／(02)8911-0825
傳真／(02)8911-0801



Staff

攝影　川村隆
造型　荻野玲子
設計　葉田いづみ
採訪・撰文　福山雅美
校對　堀江圭子
編輯　八幡真梨子

天然食材・無五辛・無蛋・無乳製品